BEI GRIN MACHT SICH IHR
WISSEN BEZAHLT

Thomas Haslinger

Einstein und die Relativität

GRIN Verlag

Bibliografische Information der Deutschen Nationalbibliothek:

Die Deutsche Bibliothek verzeichnet diese Publikation in der Deutschen National-
bibliografie; detaillierte bibliografische Daten sind im Internet über http://dnb.d-
nb.de/ abrufbar.

Impressum:

Copyright © 2013 GRIN Verlag GmbH
Druck und Bindung: Books on Demand GmbH, Norderstedt Germany
ISBN: 978-3-656-62679-4

Dieses Buch bei GRIN:

http://www.grin.com/de/e-book/271400/einstein-und-die-relativitaet

GRIN - Your knowledge has value

Der GRIN Verlag publiziert seit 1998 wissenschaftliche Arbeiten von Studenten, Hochschullehrern und anderen Akademikern als eBook und gedrucktes Buch. Die Verlagswebsite www.grin.com ist die ideale Plattform zur Veröffentlichung von Hausarbeiten, Abschlussarbeiten, wissenschaftlichen Aufsätzen, Dissertationen und Fachbüchern.

Besuchen Sie uns im Internet:

http://www.grin.com/

http://www.facebook.com/grincom

http://www.twitter.com/grin_com

Einstein und die Relativität

Thomas

Haslinger

*„Als Gott die Welt geschaffen hat, war seine Hauptsorge
aber nicht, sie so zu machen, dass wir sie verstehen können."*

1. Einleitung

Das Thema unserer Facharbeit lautet „Einstein und die Relativität". Wir wählten dieses Thema aus Faszination für sein Leben und Schaffen. Andererseits sehe ist es eine Herausforderung dieses komplexe Themengebiet einfach und verständlich zu erklären. Dank altersgerechter Literatur konnten wir uns einen Überblick verschaffen und nach und nach verstanden wir einzelne Punkte. Auch in unserer modernen Welt fällt es noch immer schwer, dieses Wissen verständlich zu erläutern.

Zu Beginn setzen wir uns mit der Biographie Einsteins auseinandersetzen um nachvollziehen zu können, was einen Physiker dazu bringt, eine Theorie aufzustellen die das Weltbild erschüttert und nachhaltig verändert.
Anschließend werden wir die Unterscheidung zwischen der Allgemeinen und der Speziellen Relativitätstheorie und ihren Anwendungsgebieten behandeln.

Im Laufe der Arbeit werden einige Experimente erläutert. Dazu ist zu bemerken, dass der Großteil davon reine Gedankenexperimente sind, welche aufgrund unseres derzeitigen Standes der Technik noch nie durchgeführt werden konnten. Mir persönlich konnten diese Experimente helfen, die Materie besser zu verstehen und ich hoffe beim Leser den „Aha-Effekt" hervorzurufen.

2. Biografie von Albert Einstein

2.1 Kindheit und Jugend

Albert Einstein war der Erstgeborene der jüdischen Eheleute Hermann und Pauline Einstein, geb. Koch. Am 14. März 1879 erblickte er in Ulm das Licht der Welt.[1] Ein Jahr später zog die Familie nach München, wo sein Vater mit seinem Bruder Jakob die elektrotechnische Firma Einstein & Cie. gründete. Einsteins Kindheit verlief nicht viel anders als jede andere Kindheit und niemand konnte ahnen, welch ein Genie in ihm steckt. Er bekam 1884 sogar Privatunterricht um sich auf die Schule vorzubereiten, da er im Vergleich zu anderen erst sehr spät zu sprechen begann.[2]

Ab 1885 besuchte er die Volksschule, doch drei Jahre später wechselte er ins Luitpold-Gymnasium, welches heute den Namen Albert-Einstein-Gymnasium trägt. Er galt als aufgeweckter, gar aufrührerischer Schüler. Seine Leistungen waren gut bis sehr gut, jedoch weniger gut in den Sprachen, aber herausragend in den Naturwissenschaften.[3] Nach dem Verkauf der Firma

Einstein als Jugendlicher

Einstein & Cie. zogen die Einsteins 1894 nach Mailand. Albert sollte bis zum Abitur am Luitpold-Gymnasium bleiben, da er für die italienische Matura zu schlecht Italienisch sprach. Doch der aufgeweckte junge Mann hatte Probleme mit den Lehrern und dem von „Zucht und Ordnung geprägten Schulsystem des Deutschen Kaiserreiches".[4]

---

[1] http://www.klassenarbeiten.de/referate/physik/alberteinstein/alberteinstein_47.htm
[2] http://www.einstein-website.de/z_biography/biographie.html
[3] http://de.wikipedia.org/wiki/Albert_Einstein
[4] http://mathe-whatelse.de.tl/Albert-Einstein.htm

2.2 Umzug nach Mailand und Aufenthalt in der Schweiz

Er verließ deshalb das Gymnasium ohne Abschluss und folgte seiner Familie nach Mailand. Anschließend wollte er das Polytechnikum in Zürich besuchen, doch er fiel bei der Aufnahmeprüfung durch. Gezwungenermaßen meldete er sich in der Kantonsschule Aarau in der Schweiz an und holte dort 1896 die Matura nach. Von 1896 bis 1900 absolvierte Albert Einstein an der Technischen Hochschule in Zürich ein mathematisch-physikalisches Fachlehrerstudium, welches er mit dem Diplom als Fachlehrer für Mathematik und Physik beendete.[5] Trotz der guten Note bleibt ihm die

erhoffte Anstellung als Assistent versagt, da er sich mit seiner lebhaften Art bei den Professoren unbeliebt gemacht hatte. Ein Jahr später wurde er Schweizer Staatsbürger. 1902 erhielt er beim Schweizer Patentamt eine feste Anstellung als technischer Experte 3. Klasse. Zuvor war er als Hauslehrer tätig gewesen. Heute wird oft fälschlicherweise behauptet, Einstein sei ein schlechter Schüler gewesen. Schuld daran ist das Schweizer Notensystem, bei dem 6 die Beste und 1 die schlechteste Note darstellt.

Einstein im Patentamt

2.3 Beginn der physikalischen Arbeiten

Mit dem Philosophiestudenten Maurice Solovine und dem Mathematiker Conrad Habicht gründete er die Berner „Akademie Olympia", einen „philosophisch-physikalischen Debatier-Club".[6] Nach Einsteins Worten hat dieser Interessensaustausch seinen beruflichen Werdegang sehr stark gefördert.[7]

Auch privat drehte sich die Welt für ihn weiter. Im Jahr 1902 wurde ihm die uneheliche Tochter Lieserl geschenkt, welche ein Jahr später zur Adoption freigegeben wurde. Im selben Jahr noch ehlichte er Mileva Maric. 1904 wurde er erneut Vater. Sein Sohn, Hans Albert, wurde später Professor für Hydraulik.

---

[5] http://www.dieterwunderlich.de/Albert_Einstein.htm
[6] http://www.albert-einstein-online.de/6.html
[7] http://www.klassenarbeiten.de/referate/physik/alberteinstein/alberteinstein_47.htm

2.4 Einsteins Wunderjahr

Im Jahr 1905 ging es mit dem mittlerweile 26-Jährigen steil bergauf. Er veröffentlichte einige seiner wichtigsten Werke und mutierte – erst nur in Insiderkreisen - zum Shootingstar der Physik. Später schrieb Carl Friedrich von Weizsäcker, „1905 sei eine Explosion des Genies gewesen. Er publizierte vier Arbeiten von denen jede einzelne nobelpreiswürdig sei."

- 17. März: *„Über einen die Erzeugung und Verwandlung des Lichts betreffenden heuristischen Gesichtspunkt"*

  Mit dieser Arbeit deutete er erstmals den photoelektrischen Effekt.[8]

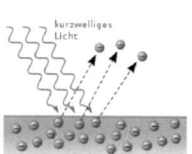

- 30. April: *„Eine neue Bestimmung der Moleküldimensionen."*

  Hierfür erhielt er am 15. Januar 1906 den Doktorgrad in Physik.[9]

- 11. Mai: *„Über die von der molekularkinetischen Theorie der Wärme geforderte Bewegung von in ruhenden Flüssigkeiten suspendierten Teilchen"*

  Bei dieser Arbeit belegte er die Brown'sche Molekularbewegung mittels einer neuen Formel und weitete diese auf feste Teilchen die in einer Flüssigkeit sehr fein verteilt sind aus (suspendierte Teilchen).[10]

- 30. Juni: Einstein reichte seine *„Abhandlung Zur Elektrodynamik bewegter Körper bei den Annalen"* ein

  Am 27. September folgte der Nachtrag *„Ist die Trägheit eines Körpers von seinem Energieinhalt abhängig?"*

  Beide Teile zusammen werden heute als spezielle Relativitätstheorie bezeichnet. Letzterer enthält implizit zum ersten Mal die wohl berühmteste Formel der Welt, $E = mc^2$.[11]

---

[8] http://physik.uni-graz.at/~cbl/QM/contents/Projekte_2004/p1/G7_Photoeffekt.pdf
[9] http://ontology4.us/deutsch/Implementierung/OntoPage/Wiki/sub_AlbertEinstein,index.html
[10] http://www.physik.uni-mainz.de/Samstags/physik_am_samstag2005/Vortrag4/Brownsche-Bewegung.pdf
[11] http://de.wikipedia.org/wiki/Einstein#Von_ersten_Ver.C3.B6ffentlichungen_bis_zur_ber.C3.BChmten_Formel_E_.3D_mc.C2.B2_.281905.29

2.5 Der Aufstieg zum Weltstar

Im Jahre 1909 wurde Einstein, mittlerweile technischer Experte zweiter Klasse, außerordentlicher Professor für theoretische Physik an der Universität Zürich. 1911 wechselte er ein Jahr nach an die Prager Universität um danach wieder nach Zürich zurückzukehren. Am 1. April 1914 wurde er zum Direktor des Berliner Kaiser-Wilhelm-Instituts für Physik ernannt. Da er keinerlei Lehrverpflichtungen besaß, konnte er sich voll und ganz seiner Arbeit widmen und beendete 1916 die Allgemeine Relativitätstheorie.[12]

1919 ließ er sich von Mileva Maric scheiden und heiratete seine Cousine Elsa Löwenthal. Weltruhm erlangte er, als seine Theorie zur Sternlichtablenkung nachgewiesen wurde. „Für seine Verdienste um die theoretische Physik, besonders für seine Entdeckung des Gesetzes des photoelektrischen Effekts aus dem Jahre 1905"[13] erhielt Albert Einstein 1921 spät aber doch den Nobelpreis in Physik. Einstein war nun weltberühmt, gab weltweit Vorlesungen und heimste zahlreiche Ehrendoktorwürden ein.

Einstein mit Mileva Maric und Elsa Löwenthal (rechts)

2.6 Die Flucht vor dem Holocaust und Arbeit in den USA

Als Hitler die Macht übernahm, befand sich Einstein gerade in den Vereinigten Staaten. In weiser Voraussicht beschloss er, nicht mehr zurückzukehren. Er legte sein Amt in Berlin nieder. Im Mai 1933 wurden seine Schriften von Joseph Goebbels bei einer „öffentlichen Verbrennung undeutschen Schrifttums" vernichtet.[14]
Einstein wohnte in Princeton, New Jersey wo er 1933 Professor wurde.

---

[12] http://www.albert-einstein-online.de/6.html
[13] http://www.albert-einstein-online.de/6.html
[14] http://de.wikipedia.org/wiki/Albert_Einstein

2.7 Die Atombombe

1939 unterzeichnet er, entgegen seines Pazifismus, eine Aufforderung an Präsident Roosevelt den Bau an der Atombombe zu beschleunigen, da er Angst vor der deutschen Atomforschung und deren Bombe hatte. Im Jahr darauf wurde er amerikanischer Staatsbürger. Nach den Einsätzen der Atombomben am 6. und 9. August 1945 rief Einstein das „Emergency Committee of Atomic Scientists" ins Leben um die friedliche Nutzung der Atomenergie zu propagieren.[15]

Emergency Committee of Atomic Scientists

2.8 Die letzten Jahre

1952 wird Einstein das Amt des israelischen Präsidenten angeboten, welches er aber ablehnte. Am 18. April 1955 verstirbt Albert Einstein 76-Jährig an einem Aortariss.[16]

3.Die Relativitätstheorie

Der Begriff „Relativitätstheorie" umfasst einige Theorien, welche sich mit dem Zusammenhang von Raum und Zeit beschäftigen.[17]

3.1 Die spezielle Relativitätstheorie (SRT)

Die spezielle Relativitätstheorie wurde 1905 veröffentlicht. Sie behandelt Beziehungen zwischen zwei relativ zueinander gleichförmig bewegten Bezugsystemen. So gelten in jedem Bezugssystem dieselben physikalischen Gesetze.

Einstein sagte dazu: *„Es ist zweifellos, dass die spezielle Relativitätstheorie (…) im Jahre 1905 reif zur Entdeckung war. In diesem Sinne war meine Arbeit von 1905 selbstständig"*

Diese Worte schenkte er Hendrik Antoon Lorentz, einem holländischen Physiker, welcher sich zuvor schon 20 Jahre mit dem Problem der elektromagnetischen Wellen in Bezugsystemen beschäftigt hatte.

---

[15] http://www.albert-einstein-online.de/6.html
[16] http://www.einstein-website.de/z_biography/biographie.html
[17] Physikbuch Seite 14

3.1.1 Grundlagen

Zu den Grundlagen der Relativitätstheorie gehört die Relativbewegung. Sie besagt, dass jede Geschwindigkeitsangabe auch die Angabe eines Bezugssystems benötigt. Zum Beispiel: Zwei Personen befinden sich in einem Auto. Für jede der Personen steht der andere still. Für einen Passanten, der das Auto vorbeifahren sieht, bewegen sich aber beide.

Eine weitere Grundlage stellt die Lichtgeschwindigkeit (300.000 Kilometer pro Sekunde) dar. Sie ist eine Naturkonstante, da sich jedes Teilchen, dessen Ruhemasse Null ist, in Lichtgeschwindigkeit bewegt.

3.1.2 Anwendungsgebiete der speziellen Relativitätstheorie

In der wohl bekanntesten Formel der Physik wird die Masse-Energie-Beziehung definiert: $E=mc^2$ (E=Energie; M= Masse; c = Lichtgeschwindigkeit)

Die Lichtgeschwindigkeit wird als Geschwindigkeitsgrenze behandelt.

Mithilfe dieser Gleichung kann die Gewinnung von Atomstrom, die Sonnenenergie, die Auswirkung von Kernwaffen berechnet werden.

Die SRT ermöglicht es, elektrische und magnetische Kräfte zu einer einzelnen Kraft, der elektromagnetischen Wechselwirkung zu vereinen.

In der Teilchenphysik bewirkte diese Theorie Großes. Erst durch die relativistische Beschreibung quantenphysikalischer Zusammenhänge können Elementarteilchen und ihre Vernichtung und Umwandlung beschrieben werden.

Eine weitere Anwendung ist die Uhrensynchronisation. Welche Auswirkungen die SRT auf den Lauf von Uhren hat, wird im Kapitel 3.1.5 erläutert.

3.1.3 Die Einstein'schen Postulate[18]

(Als Postulat wird ein Grundsatz für eine Diskussion, eine Theorie oder ein formales System bezeichnet)[19]

1. Einstein'sches Postulat:
Die Naturgesetze nehmen in allen Inertialsystemen dieselbe Form an. Es gibt kein physikalisch bevorzugtes (ausgezeichnetes) Inertialsystem und jedes ist gleichberechtigt.

2. Einstein'sches Postulat:

- Konstanz der Lichtgeschwindigkeit:
  Die Geschwindigkeit des Lichts im Vakuum ist in jedem Bezugssystem konstant.
- Definition der Lichtgeschwindigkeit: $c_0 = 299\,792\,458\,\mathrm{m/s}$

---

[18] Physikbuch Seite 16
[19] http://de.wikipedia.org/wiki/Postulat

3.1.4 Die Gleichzeitigkeit

In einem Bezugssystem sind zwei Ereignisse an verschiedenen Orten gleichzeitig, wenn sie von einem in der Mitte liegenden Lichtblitz erweckt werden könnten.

Das bedeutet: Da die Lichtgeschwindigkeit immer gleich ist, erreicht sie die beiden Ereignisse logischerweise gleichzeitig.[20]

Bewegen sich zwei Bezugssysteme, treten Schwierigkeiten auf.
Zum Beispiel: Zwei Raumschiffe bewegen sich mit halber

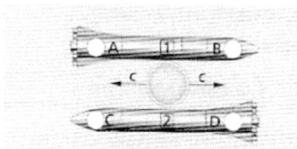

Lichtgeschwindigkeit aneinander vorbei. Am Kopf und am Heck beider Raumschiffe ist jeweils eine Uhr angebracht. Das Ziel ist diese vier Uhren gleichzeitig zu synchronisieren. Beide Raumschiffe müssen auf gleicher Höhe sein und in dem Moment wird ein Lichtblitz ausgesendet. Dieser Lichtblitz hat seinen Ursprung in der Mitte beider Raumschiffe. Raumschiff A ruht in seinem Bezugssystem, in dem es sich gerade befindet. Die Lichtblitze treffen zeitgleich am Kopf und am Heck des Raumschiffes ein und die Uhren, die sich dort befinden, laufen beide synchron. Die Uhren des zweiten Raumschiffes können aus der Sicht des ersten Raumschiffes nicht synchron gestartet werden. Das liegt daran, dass sich Raumschiff B in der Zwischenzeit schon weiterbewegt hat und der Lichtblitz hat das Heck dieser Rakete schon viel eher erreicht als den Kopf. Jedoch laufen aus der Sicht des Raumschiffes B die eigenen Uhren synchron, dafür aber nicht die Uhren in Raumschiff A.[21]

---

[20] Physikbuch Seite 17
[21] http://home.arcor.de/woscholl/public/einstein.pdf

3.1.5 Zeitdehnung (Zeitdilatation)

Aus dem vorangegangenem Experiment kann darauf geschlossen werden, dass der Gang der Zeit vom Bewegungszustand des Beobachters abhängt.

Wie bereits eingangs erwähnt konnte Hendrik Antoon Lorentz den Effekt der Zeitdehnung ableiten. Sie benutzten dazu jedoch die Äthertheorie, welche bereits überholt war. Einstein interpretierte die Konzepte neu und bewies, dass die Zeitdehnung mit Raum und Zeit zusammenhängt und nicht durch einen Äther. (Äther war eine fiktive Substanz zur Ausbreitung von Licht, da nicht bekannt war wo und wie sich das Licht verhält. [22]

Die Zeitdilatation ist eine relative Verlangsamung des Uhrenganges. Sobald jemand in Ruhe befindet wird aus seiner Sicht jede relativ zu ihm bewegte Uhr verlangsamt. Je größer die Relativgeschwindigkeit einer Uhr ist, desto stärker ist die Zeitdilatation. Das Phänomen der Zeitdilatation ist jedoch nur bei sehr hohen Geschwindigkeiten erkennbar, welche zurzeit nicht erreicht werden können.

Hierzu wieder ein Gedankenexperiment. Zwei Raketen passieren einander mit einer Geschwindigkeit von 100.000 Km/s. Für beide Piloten vergeht die Zeit, zumindest gefühlt, gleich. Wenn jedoch ein Pilot die Uhr in der anderen Rakete anschaut, sieht er, dass sich die Zeiger der Uhr langsamer bewegen als in seiner Rakete. Mittels einer von Lorentz entwickelten Formel kann man berechnen wie groß dieser Unterschied ist.

$$t(normal) = \frac{t(verk\ddot{u}rzt)}{\sqrt{1 - \frac{v^2}{c^2}}} = \frac{1s}{\sqrt{1 - \frac{(100.000km/s)^2}{(300.000\ km/s)^2}}} = 1,06066s$$

Es zeigt sich, dass die Zeit in um 0,06066 Sekunden schneller vergeht als in der anderen Rakete. So „dauert" eine Sekunde von einem Raumschiff doch im anderen 1,06066 Sekunden. [23]

---

[22] https://de.wikipedia.org/wiki/Zeitdilatation
[23] http://home.arcor.de/woscholl/public/einstein.pdf

3.1.5.1 Der Atomuhrenvergleich

Aufgrund der schweren Nachweißbarkeit der Relativitätstheorie zu Beginn des 20. Jahrhunderts keimten immer mehr Zweifel auf. Der Atomuhrenvergleich war ein Test der aus der Relativitätstheorie folgenden Zeitdilatation im Jahr 1971. Hierfür wurden vier Cäsium-Atomuhren an Bord eines Linienflugzeugs gebracht, und danach zweimal rund um die Welt geflogen. Dies erfolgte zuerst ostwärts, dann westwärts. Schlussendlich wurden die Uhren mit einer Atomuhr am Boden verglichen.[24]

Die Resultate stimmten mit den Vorhersagen innerhalb einer Genauigkeit von rund 10% überein. Diese Abweichungen können durch geringfügige Differenzen der Flughöhe und Fluggeschwindigkeit hervorgerufen worden sein.

Doch seit der Jahrtausendwende herrschen Zweifel an diesem Experiment. Angeblich hätten die Atomuhren eine Messungenauigkeit von 300Ns aufgewiesen, was das Experiment als gescheitert erklären würde.[25]

3.1.5.2 Das Zwillingsparadoxon

Beim Zwillingsparadoxon handelt es sich um ein Experiment welches bis dato noch nicht durchgeführt werden konnte. Stellen wir uns vor, zwei 30-Jährige Zwillinge leben auf der Erde. Ein Zwilling steigt in ein Raumschiff und fliegt mit einer Geschwindigkeit von 200.000 km/s zehn Jahre geradlinig von der Erde weg und anschließend wieder zurück. Eigentlich sollte er nun, wie sein Bruder, 50 Jahre alt sein.

$$\gamma' = \frac{1}{\sqrt{1 - (\frac{v}{c})^2}} = \frac{1}{\sqrt{1 - (\frac{200.000}{300.000})^2}} \approx 1{,}342$$

Laut obiger Formel kann man feststellen, dass der Zwilling welcher auf der Erde blieb, rund 1,342 Mal so schnell gealtert ist. Sein Alter beträgt nun 56,8 Jahre.

---

[24] http://www.relativitätsprinzip.info/experimente/hafele-keating.html
[25] http://science.oesterreich1.com/modules.php?name=News&file=article&sid=13

3.1.6 Die Längenkontraktion

Um die Länge eines bewegten Objekts zu messen, muss man die Position der Spitze und des Endes des bewegten Objektes gleichzeitig wissen. Damit wird eine Längenmessung von der Geschwindigkeit des Betrachters abhängig. Je schneller ein Objekt gegenüber dem Messsystem unterwegs ist, desto mehr weicht die Definition von Gleichzeitigkeit des Objekts von der des Messenden ab. Die vom Messenden gleichzeitig vorgenommenen Messungen von Spitze und Ende finden aus der Sicht des Objekts zunächst an der Spitze statt und erst später am Ende. Hierdurch wird das Objekt kürzer gemessen als es im Ruhesystem ist.

Da ein Objekt nicht verschiedene körperliche Längen haben kann, wird aus dieser Beschreibung klar, dass es sich bei der Längenkontraktion um einen Effekt der Messung handelt. Die Längenkontraktion ist also nur teilweise real. Sie ist real weil die Länge tatsächlich kürzer gemessen wird. Doch es handelt sich nicht um einen Effekt der Perspektive und es ist auch kein Effekt der Lichtlaufzeit. Die Längenkontraktion ist ein geometrischer Effekt, der auf der Struktur der Raumzeit beruht.[26]

3.2 Die allgemeine Relativitätstheorie (ART)

Einstein veröffentlichte die ART im Jahre 1916. Im Gegensatz zur speziellen Relativitätstheorie bezieht sie die Einwirkung der Gravitation mit ein. Die ist nur bei großen Massen relevant, wie zum Beispiel Galaxien, Planeten und Sternen.[27]

3.2.1 Grundlagen

Die Grundlage der allgemeinen Relativitätstheorie ist das Äquivalenzprinzip. Es besagt, dass Gravitation und Beschleunigung experimentell nicht zu unterscheiden sind. Einstein berief auf ein Experiment von Lorand Eötvös. Es bewies mithilfe einer Drehwaage, dass die Abweichung zwischen träger und schwerer Masse sehr klein ist und vermutlich nur auf die Messungenauigkeit zurückzuführen ist. Laut dieser Theorie ist die Gravitation eine Folge der Krümmung des Raum-Zeit-Kontinuums. Strenggenommen gilt das Äquivalenzprinzip nur in einem absolut homogenen Gravitationsfeld. In solch einem Gravitationsfeld werden tatsächlich alle frei fallenden Körper in gleicher Weise beschleunigt, also in die gleiche Richtung und gleich stark.[28]

---

[26] http://www.relativitätsprinzip.info/laengenkontraktion.html
[27] Physikbuch Seite 33
[28] http://www.einstein-online.info/vertiefung/Aequivalenzprinzip?set_language=de

3.2.2 Anwendungsgebiete

Aufgrund der Miteinbeziehung der Gravitation wird die allgemeine Relativitätstheorie in der Astrophysik verwendet. Sie beschäftigt sich mit der Existenz schwarzer Löcher, Gravitationswellen und der Ausdehnung und Größe des Universums. [29]

3.2.3 Die Raum-Zeit (Raum-Zeit-Kontinuum)

In der Relativitätstheorie sind Raum und Zeit keine absoluten Strukturen mehr. Welche Elemente der zeitlichen Entwicklung zu einem gegebenen Zeitpunkt - gleichzeitig - stattfinden, beurteilen relativ zueinander bewegte Beobachter unterschiedlich. Absolut ist lediglich die Raum-Zeit, die Gesamtheit aller Ereignisse.

In der Relativitätstheorie wird der Einflussbereich eines Ereignisses oft grafisch wie folgt dargestellt: Es handelt sich um ein so genanntes Raumzeitdiagramm, in dem die senkrechte Achse für die Zeit und die waagerechte Achse für eine der Raumrichtungen steht. [30]

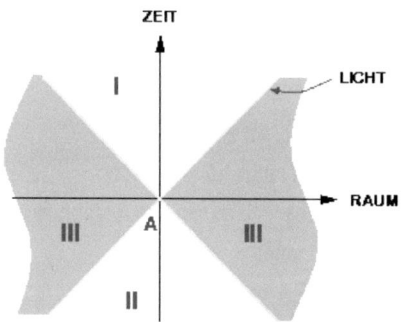

Die Geometrie der Raum-Zeit lässt sich durch die Energie und der Materie beeinflussen.

---

[29] Physikbuch Seite 14
[30] http://www.einstein-online.info/einsteiger/spezRT/raumzeit?set_language=de

5. Abbildungsverzeichnis

Titelseite:
http://www.freestockphotos.biz/pictures/7/7670/albert+einstein.png

Seite 2:
http://kiwithek.kidsweb.at/images/Einstein_als_Jugendlicher.jpg
http://www.mensch-einstein.de/bilder/123_Firma_Einstein___Cie___Dynamo_Anzeige_der_Firma_Ei.jpeg

Seite 3:
http://www.planet-wissen.de/politik_geschichte/persoenlichkeiten/albert_einstein/img/tempx einstein_pult_g.jpg

Seite 4:
http://upload.wikimedia.org/wikipedia/commons/thumb/f/fc/Fotoelektrischer_Effekt.svg/220px -Fotoelektrischer_Effekt.svg.png

Seite 5:
http://www.teslasociety.com/einst_wedd.jpg

http://www.xtimeline.com/evt/view.aspx?id=50878

Seite 6:
http://osulibrary.oregonstate.edu/specialcollections/coll/pauling/catalogue/07/1946n.112-600w.jpg

Seite 9:
http://home.arcor.de/woscholl/public/einstein.pdf

Seite 11:
http://www.einstein-online.info/images/vertiefung/ZwillingeI/zwillinge.png

Seite 13:
http://www.einstein-online.info/einsteiger/spezRT/raumzeit?set_language=de